U0882611

气象与气象防灾减灾

严　娟◎主　编

气象出版社
China Meteorological Press

图书在版编目（CIP）数据

气象与气象防灾减灾 / 严娟主编 ; 周萌等副主编
. -- 北京 : 气象出版社, 2024.5（2025.2 重印）
ISBN 978-7-5029-8195-2

Ⅰ. ①气… Ⅱ. ①严… ②周… Ⅲ. ①气象灾害－灾害防治－福清 Ⅳ. ①P429

中国国家版本馆CIP数据核字(2024)第095779号

气象与气象防灾减灾

QIXIANG YU QIXIANG FANGZAI JIANZAI

严　娟　主编

出版发行：气象出版社
地　　址：北京市海淀区中关村南大街 46 号　　**邮政编码：**100081
电　　话：010-68407112（总编室）　010-68408042（发行部）
网　　址：http://www.qxcbs.com　　**E-mail：**qxcbs@cma.gov.cn
责任编辑：刘瑞婷　　**终　　审：**张　斌
责任校对：张硕杰　　**责任技编：**赵相宁
封面设计：艺点设计
印　　刷：北京地大彩印有限公司
开　　本：787 mm × 1092 mm　1/16　　**印　　张：**5.25
字　　数：134 千字
版　　次：2024 年 5 月第 1 版　　**印　　次：**2025 年 2 月第 2 次印刷
定　　价：48.00 元

本书如存在文字不清、漏印以及缺页、倒页、脱页等，请与本社发行部联系调换。

《气象与气象防灾减灾》编委会

顾　问： 王　岩　张海坚　吴婷婕　周歆虹

主　编： 严　娟

副主编： 周　萌　陈　昉　张俊杰　赵　果

李　衡

编　委（以姓氏拼音排序）：

陈晓恬　陈源高　姜冬昕　孔令强

林梦婕　王晓芳　王雪梅　吴扬春

薛丽芳　余　斌　张小华　郑　敏

前 言

中国将坚持以人民为中心的发展理念，坚持以防为主、防灾抗灾救灾相结合，全面提升综合防灾能力，为人民生命财产安全提供坚实保障。*

——习近平

党的十八大以来，习近平总书记多次在不同场合就防灾减灾救灾工作发表重要讲话或作出重要指示，强调，加强自然灾害防治关系国计民生，要建立高效科学的自然灾害防治体系，提高全社会自然灾害防治能力，为保护人民群众生命财产安全和国家安全提供有力保障。

防灾减灾救灾事关人民生命财产安全，事关社会和谐稳定。在中小学生中开展防灾减灾宣传教育，能够提高中小学生防灾减灾意识和自救互救能力，促进社会灾害防御能力的提升。

从一定意义上讲，家乡的一山一水、一草一木、阴晴冷暖，家乡的历史文化、风土人情，家乡的建设成就、发展变化等本就是爱国主义教育最现实、最生动的教材。我们结合福清市气候特征，找准着力点，充分发挥学校科普教育主阵地的作用，大力开展气象科普进校园，全力打造以气象科普助力防灾减灾为主体的特色学校，开发与编写《气象与气象防灾减灾》校本教材作为深入开展气象科

---

* 2018 年 5 月 12 日，习近平向汶川地震十周年国际研讨会暨第四届大陆地震国际研讨会致信强调。

普的一项新举措。

《气象与气象防灾减灾》这本校本教材具有很强的科普性，分为“气象基础知识”和“气象灾害与防御自救”两个部分，具有图文并茂、贴近学生实际等特点，旨在普及气象与气象防灾知识，增强青少年气象防灾意识，提高青少年气象灾害防御与自救能力。

我们期待，这本校本教材能够成为一本很好的防灾减灾教育乡土教材，能够成为广大师生了解科学、热爱家乡，提高防灾减灾意识、立志建设家乡、报效祖国的良师益友。

由于时间仓促和编者水平有限，校本课程的开发还处于尝试、深入和逐步完善时期，教材还存在着不足之处，祈盼社会各界有识之士批评指正。

《气象与气象防灾减灾》编写组

2024 年 3 月

目 录

CONTENTS

气象基础知识

1　我们的大气圈

大气圈又称大气层，是因重力作用而围绕着地球的一层混合气体，是地球最外部的气体圈层，包围着海洋及陆地，厚度大约在 1000 千米以上，没有明显的界线。根据气温垂直变化特点及大气运动方式，可以将大气圈自下而上分为对流层、平流层、中间层、热层、散逸层。

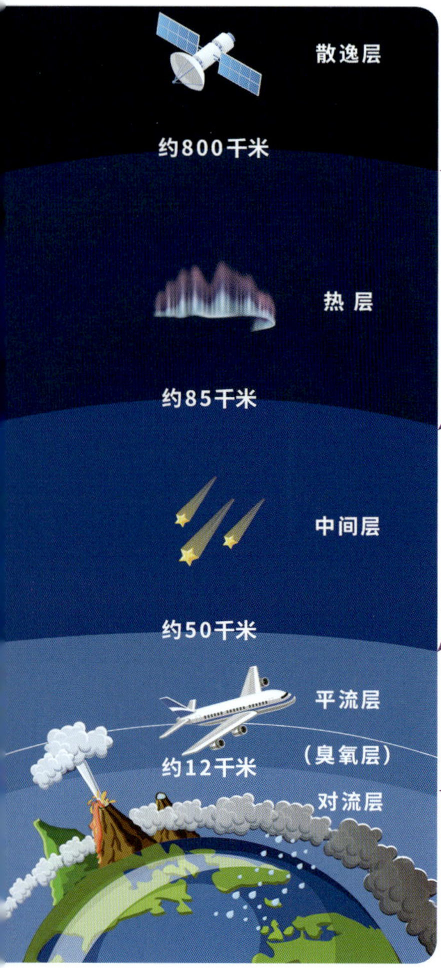

散逸层：散逸层又称外层，外层空气质点脱离地球引力，经常逃逸到宇宙空间去，是大气圈逐步过渡到星际空间的大气层，可以看作是地球大气的上界。

约 800 千米

热层：热层大气处于高度电离状态，能够反射无线电短波，对无线电通信有重要作用；同时，极光也发生在该层。热层大气非常稀薄，但温度却极高。

约 85 千米

中间层：该层臭氧稀薄，大气吸收的辐射能量很少，温度随高度的升高逐渐降低。进入大气的流星体大部分在中间层燃尽。

约 50 千米

平流层：平流层大气主要以平流运动为主。平流层含有臭氧，具有吸收紫外线的功能，保护地球上所有生物的生存和地表免受阳光中强烈的紫外线致命的侵袭。

约 10～12 千米

对流层：对流层蕴含了整个大气层约 75% 的质量，以及几乎所有的水汽及气溶胶。我们常见的风雨雷电等天气现象都发生在这一层。

大气厚度大约 1000 千米以上

地球的直径约为 12700 千米，虽然大气层厚度高达 1000 千米，但与地球整体相比，还是显得非常薄。

复杂多变的天气现象发生在对流层，对流层的状况与人类的关系最为密切。对流层下界与地面相接，上界高度（即对流层顶）随地理纬度和季节变化：在低纬度地区平均高度为 17～18 千米，在中纬度地区平均为 10～12 千米，极地平均为 8～9 千米，并且夏季高于冬季。

对流层顶是对流层和平流层之间一个明显的过渡层，是反映各大气过程很好的指示器，大气急流、飞机颠簸、臭氧层顶等重要物理、化学现象均与对流层顶的位置、强度及其变动密度相关，因此，对流层顶高度和温度的变化已成为全球气候变化的重要标志。

大气是多种气体的混合物

低层大气主要由氮气、氧气、二氧化碳、水汽和其他一些气体组成，还包含有固、液体杂质。

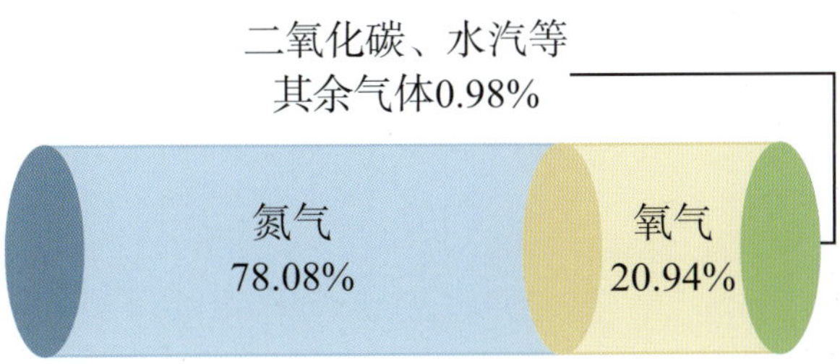

水汽在大气中的含量很少，变化较大，变化范围在 0%～4%，99% 的水汽都存在于对流层。虽然大气中水汽含量很少，但却是影响天气变化

的“主要角色”。云、雾、雨、雪、霜、露等都是水汽的各种形态。

大气中臭氧的分布

大气中 90% 的臭氧分布在平流层，极大值在 20～30 千米高度，对 0.20～0.29 微米的太阳紫外辐射有强烈的吸收作用，是地球上生命的“保护伞”。氟氯烃类化合物（如冰箱制冷剂氟利昂及哈龙类物质、消防行业采用的灭火剂）的持续使用，是臭氧层损耗的主要原因。

工厂排放物、机动车尾气中的 NO_x（氮氧化物）及 VOCs（挥发性有机物）等大气污染物在强太阳辐射下经过复杂化学反应生成的臭氧，在对流层近地面空气中属于大气污染物，即使在浓度很低的情况下也会损害人体健康，如对眼睛、呼吸道等器官具有侵蚀作用，此外，近地面臭氧还会导致农作物减产、森林破坏等。

臭氧层空洞

2003 年 TOMS 卫星以紫外线波段观测到南极上空的臭氧层空洞

1985 年，英国科学家首次发现南极上空出现臭氧空洞。大气臭氧层的损耗是当前世界上又一个普遍关注的全球性大气环境问题，它同样直接关系到生物圈的安危和人类的生存。由于臭氧层中臭氧的减少，照射到地面的太阳光紫外线增强，对生物圈中的生态系统和各种生物，包括人类，都会产生不利的影响。

想一想

臭氧空洞是如何形成的呀？

2 水循环

水循环是指地球上各种形态的水在太阳辐射、地球引力等的作用下，通过地表蒸发、水汽输送、凝结成云，再以雨、雪等形式降落到陆地上，形成径流，积累到土壤或水域，不断发生的周而复始的运动过程（水相不断转变的过程）。通过海陆间水循环，海洋不断向陆地输送淡水，补充和更新陆地上的淡水资源，从而使水成为了可再生的资源。

降水、蒸发和径流是水循环过程的三个最重要环节，这三个环节构成的水循环决定着全球的水量平衡，也决定着一个地区的水资源总量。

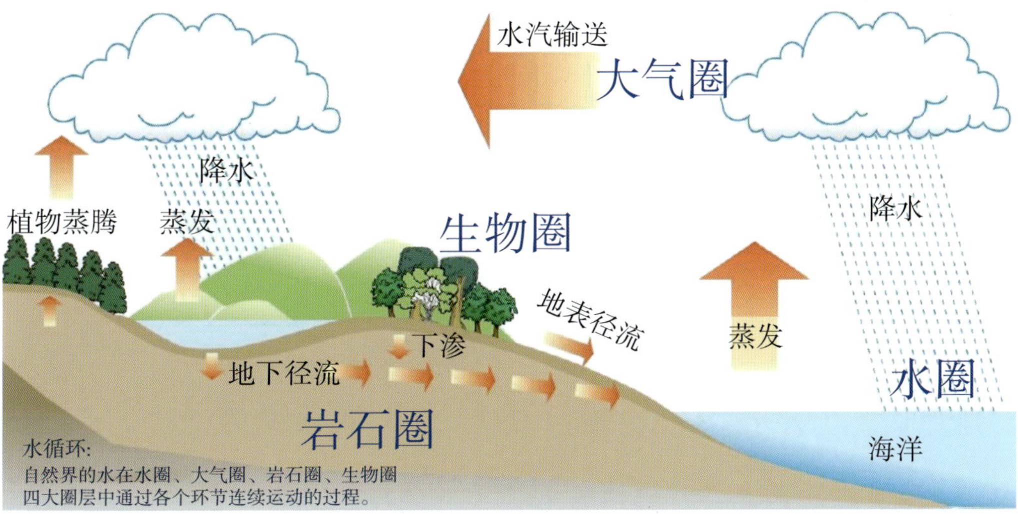

蒸发：在热力作用下，水会蒸发成水汽，水汽会上升到大气中，海洋表面的蒸发尤其旺盛。在陆地上，水分也会从植物的叶面蒸散到大气中。

蒸发包括地表蒸发、植物蒸发、海洋蒸发等，由蒸发产生的水汽进入大气并随大气活动而运动。

水循环的主要作用表现在三个方面

一是“纽带”，它联系地球四大圈层（岩石圈、水圈、大气圈和生物圈）和各种水体，促进水体更新；维持着地球上各水体之间的动态平衡，使淡水资源不断更新。

二是“调节器”，水循环促进了自然界的物质迁移、能量传输和交换，对冷暖气候变化起着重要的作用。

三是“雕塑家”，通过侵蚀、搬运和堆积，塑造了丰富多彩的地形地貌，它是地表物质迁移的强大动力和主要载体，不断作用并改造着地表形态。

水循环影响着全球生态、气候，塑造着地表形态。

人类活动对水循环的影响反映在两方面

由于人类生产和社会经济发展使大气的化学成分发生变化，如二氧化碳、甲烷、氢氟碳化合物等温室气体浓度的显著增加，改变了地球大气系统辐射平衡而引起气温升高、全球性降水增加、蒸发加大、水循环加快，以及区域水循环变化。这种变化的时间尺度可持续几十年甚至几百年。

人类活动主要作用于陆地的下垫面，如土地利用的变化、农田灌溉、农林垦殖、森林砍伐、城市化不透水层面积的扩大、水资源开发利用和生态环境变化等引起的陆地水循环变化。这种人类活动的影响虽然是局部的，但往往强度很大，甚至对水循环的影响可能扩展至更大地区，影响时间可能更加久远。

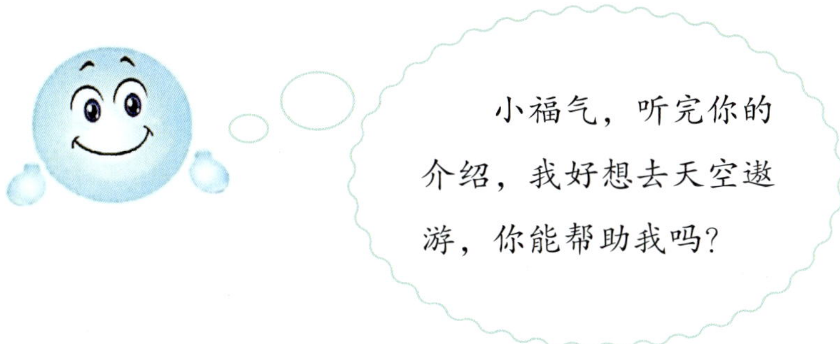

3 云

云是由悬浮在大气中的小水滴、过冷水滴、冰晶或者它们的混合物组成的可见聚合体，有时也包含一些较大的雨滴、冰粒和雪晶，其底部不接触地面，接触地面的称为雾。

云是怎么形成的呢？

云是地球上庞大的水循环的有形结果。太阳照在地球的表面，海洋、湖面、植物表面、土壤里的水分每时每刻都在蒸发，变成水汽，进入大气层。一旦水汽过饱和，水分子就会聚集在空气中的微尘（凝结核）周围，成为小水滴。如果温度比 0℃低，多余的水汽就凝华成为冰晶或过冷却水滴，它们集中在一起，受上升气流的支托，飘浮在空中，成为我们见到的云。按云的外形特征、结构特点和云底高度，将云分为三族、十属、二十九类。

云的分类

云族	云属	云类	云族	云属	云类
低云	积云	淡积云	低云	层积云	积云性层积云
		碎积云			堡状层积云
		浓积云			荚状层积云
	积雨云	秃积雨云		层云	层云
		鬃积雨云			碎层云
	层积云	透光层积云		雨层云	雨层云
		蔽光层积云			碎雨云

续表

云族	云属	云类	云族	云属	云类
中云	高层云	透光高层云	中云	高积云	堡状高积云
		蔽光高层云	高云	卷云	毛卷云
	高积云	透光高积云			密卷云
		蔽光高积云			伪卷云
		荚状高积云			钩卷云
		积云性高积云		卷层云	毛卷层云
					薄幕卷层云
		絮状高积云		卷积云	卷积云

几种典型的云

淡积云：属低云，云底高度600～2000米，呈山丘状、圆弧形或塔状，水平宽度大于垂直厚度，云体亮白，晴天常见。

（摄影：李双兰）

（摄影：何敏）

鬃积雨云：属低云，云底高度400～1000米，云顶可达10000～12000米（对流层顶）。云成砧状，底部阴暗常有雨幡及碎雨云，伴有雷阵雨、冰雹等天气现象，有时也伴有龙卷。

雨层云：属低云，云底高度600～1200米，云层厚而均匀，呈暗灰色，布满全天，常造成持续性降水。

透光高积云：属中云，云底高度 2500～4500 米，云块较薄，呈白色或灰色，厚度变化不大，云层中个体明显，一般排列相当规则，云块之间有明显的缝隙，云块边缘明亮。

（摄影：王为灵）

钩卷云：属高云，云底高度 6000～12000 米，云体很薄呈白色，常具逗点丝缕状结构，分散在天空，预示着将出现阴雨天气。

卷积云：属高云，云底高度 4500～8000 米，似排列成行的鳞片或球状细小云块，呈白色而无云影，像轻风吹过水面的波纹。这种云很少出现，偶尔会出现布满全天的时候，渔夫们称之为“鲭鱼天”。

与云有关的气象谚语

千百年来，我国劳动人民在生产实践中根据云的形状、来向、移速、厚薄、颜色等的变化，总结了丰富的“看云识天气”的经验，并将这些经验编成谚语。有兴趣的同学不妨留心作一些观察对照。

鱼鳞天，不雨也风颠
（卷积云）

天上钩钩云，地下雨淋淋
（钩卷云）

火烧乌云盖，大雨来得快
（积雨云）

馒头云，天气晴
（淡积云）

天上起了炮台云，不过三日雨淋淋（堡状高积云）

天上灰布云，下雨定连绵
（雨层云）

做一做

云就像是天气的“表情”，天上挂什么云，就将会出现什么样的天气。老师给出了各种云和各种天气的图片，请大家来连一连。

学一学

“云”字的甲骨文写法，像不像天上的钩钩云啊？

4 风

风是由空气流动引起的一种自然现象。

风的形成原理

我们知道，太阳照射着地表的不同区域，受地理位置和地表状况不同的影响，地面受热也就不一样，造成气温分布不均匀。有的地方气温高，空气热；有的地方气温相对较低，空气冷一些。热空气膨胀变轻而上升，周围的较冷空气流过来补充，这样就产生了风，气象部门规定风速和风向是水平方向的空气流动。

风的分类

海风和陆风：白天，在太阳照射下，陆地升温比海洋快，气温高，空气团膨胀上升，近地面气压降低，所以在近地面，海洋的气压比陆地气压高，风是从海洋吹向陆地，形成“海风”；夜晚，陆地比海洋降温快，海洋相对较暖的空气上升，陆地相对较冷的空气下沉流入海洋，形成“陆风”。

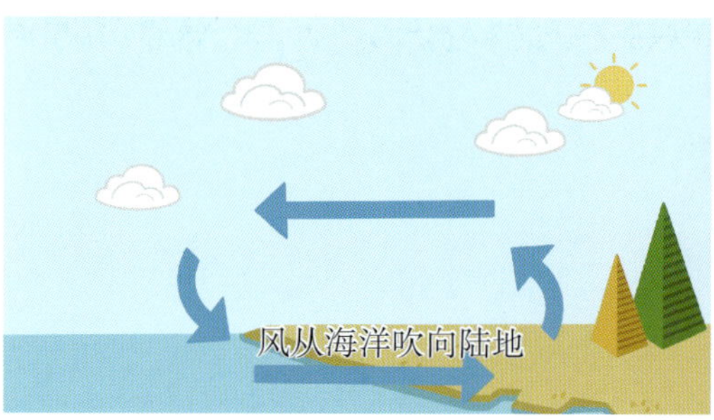

白天吹海风

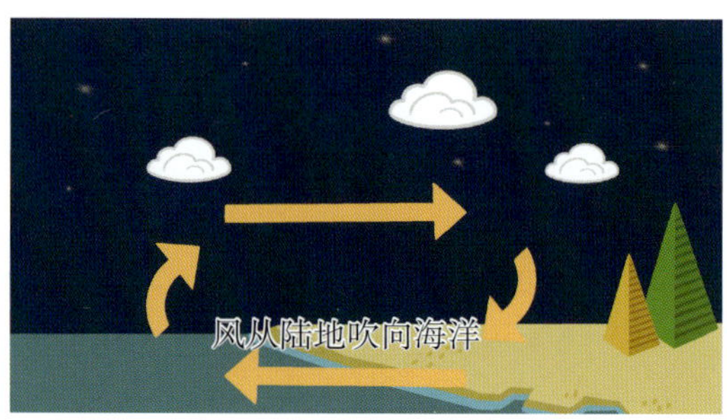

夜晚吹陆风

峡谷风： 因经过山区而形成的地方性风。当空气由开阔地区进入山地峡谷口时，气流的横截面积减小，由于空气质量不可能在这里堆积，于是气流加速前进（流体的连续性原理），从而形成强风。“峡谷效应”又被称为“狭管效应”，峡谷风又被称为“穿堂风”。比如福建沿海受台湾海峡狭管效应明显，大风日数多。

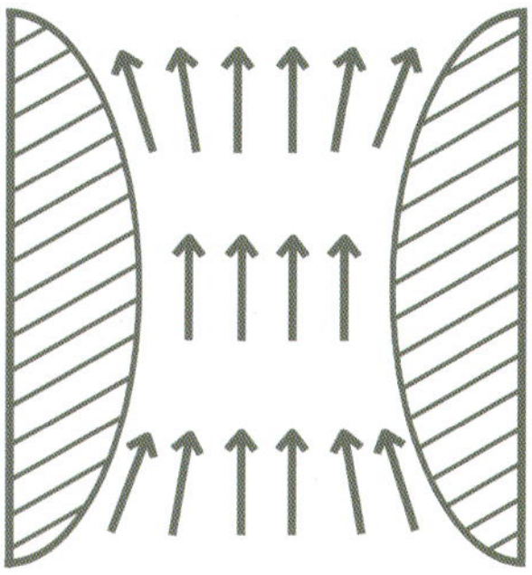

龙卷： 在极不稳定天气条件下，由空气强烈对流运动而产生的一种伴随着高速旋转的漏斗状云柱的强风涡旋。其中心附近风速可达 100～200 米 / 秒，最大 300 米 / 秒，比台风（产生于海上）近中心最大风速大好几倍。龙卷的破坏性极强，它经过的地方，常会发生拔起大树、掀翻车辆、摧毁建筑物等现象，甚至把人“吸走”。当龙卷发生在水面上时就形成了“水龙卷”。

福清市近年来有 2 次龙卷灾情记录：① 1990 年 8 月 23 日，江镜南宵村出现龙卷。其直径约 60 米，持续时间约 30 秒。② 1997 年 11 月 26 日 0 时 30 分，音西镇霞楼村、倪埔村受龙卷袭击，其宽 200 余米，持续约 3～5 分钟。同日 2 时许，江阴镇赤厝村也出现龙卷。

焚风： 山区特有的天气现象。当湿润的空气团沿着长山脉的一侧向上爬升的时候，缓慢冷却，里面的水汽凝结，形成云或者雨。通常雨在山脊的迎风坡降落。一旦气流

越过山顶，从高空下沉到地面时，每下降 1000 米，温度平均升高 6.5℃。这就是说，当空气从海拔四五千米的高山下降至地面时，温度会升高 20℃以上，形成又干又暖的风，像火焰焚烧一样，这就是“焚风”。

信风：指的是在低空从副热带高压带吹向赤道低气压带的风。信风（又称贸易风）在赤道两边的低层大气中，北半球吹东北风，南半球吹东南风。

季风：由于大陆和海洋在一年之中增热和冷却程度不同，在大陆和海洋之间大范围的、风向随季节有规律改变的风，称为季风。季风分为夏季风和冬季风。

做一做

1. 找一个透明的塑料瓶，剪去底部。
2. 找一根蜡烛，点燃。
3. 把塑料瓶罩在蜡烛上，在火焰的位置挖出一个小洞。
4. 找一个小的矿泉水瓶，挖去底部。
5. 将矿泉水瓶口插入小洞，对着火焰。
6. 观察会发生什么情况。

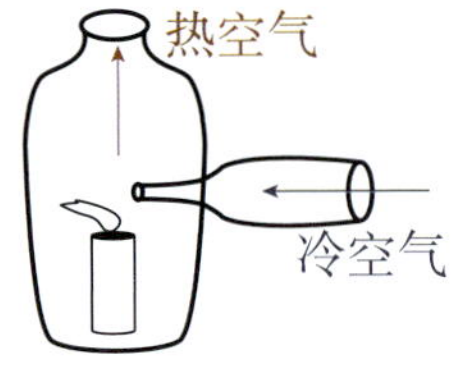

学一学

风力指的是风的强度，与气压梯度变化密切相关。风速指的是风的速度，即在单位时间里风移动的距离，常用的单位是米/秒和千米/时，风速越大，风力越大。我们通常用蒲氏风级来表示风力的大小。

风力的划分（图源：《气象知识极简书》）

5 雨

雨是一种自然降水现象，是由大气循环扰动产生的，是地球水循环不可缺少的一部分。它的表现形态也各具特色，有毛毛细雨，有连绵不断的阴雨，还有倾盆而下的阵雨。

雨的形成

随着空气上升，云滴不断凝结而长大，直到重量达到一定程度就开始下落。大的云滴下降速度比小的云滴快，较小的云滴飘浮在上升气流中。但云滴往往相互碰撞而融合在一起，形成越来越大的雨滴，这个过程称为云滴的碰并。云层越厚，云层的气流越湍急，越会形成较大的云滴，当它们直径长大到约 0.5 毫米时，便开始形成雨滴而降落。

几种雨的介绍

暴雨：指连续 12 小时降雨量达到和超过 30 毫米、连续 24 小时降雨量达到和超过 50 毫米的降水。暴雨或持续降雨经常会使低洼地区淹没、渍水，乃至出现洪涝灾害。洪涝主要危害农作物生长，造成作物减产或绝收，对农业生产、城市生活、工业生产以及其他产业的正常开展有较大危害。

梅雨：每年夏初，在湖北宜昌以东 28°—34°N 的江淮流域常会出现连阴雨天气，雨量很大。由于这一时期正是江南梅子黄熟季节，故称为“梅雨”。

冻雨：又叫“凝冻”或“凌冻”。当天气比较冷时，雨滴落下来，掉在任何低于 0℃的物体上，会立即结成冰，并且附着在这个物体上。气象上把这种冻结现象称为“冻雨”。

雨通常以四种形式出现

锋面雨：暖湿气流与冷空气相遇，由于冷空气重，暖空气轻，暖湿气流被迫上升，遇冷凝结，形成一条很长很宽的降雨带，这就是锋面雨。

对流雨：在强烈的阳光照射下，局部地区暖湿空气急剧上升，遇冷凝结，形成降雨，伴有雷暴，气象学上叫“雷阵雨”。

地形雨：暖湿气流遇到山脉，被迫上升，遇冷凝结，形成降雨。

台风雨：热带洋面上的湿热空气大规模强烈地旋转上升，在上升过程中，气温迅速降低，水汽大量凝结成云雨，这就是台风雨。

做一做

造雨小实验

实验目的：模拟降雨的过程。

实验材料：装满热水的瓶子 2 个、冰块若干、盐 5 克、面粉 5 克、塑料水槽 1 个、处理后的钢板 1 块、搅拌棒 1 根、秒表 1 个、吸水手巾和纸巾若干。

实验过程：

1. 用锤子和钉子在钢板上打一些小坑，确保不漏缝隙。先在钢板背面撒上一些面粉，充当空气中尘粒，加速水滴形成。

2. 将热水倒入水槽中，然后把这个钢板盖在水槽上。

3. 将冰块放在钢板上，帮助钢板降温，再在钢板上放些盐可以使温度更低，用搅拌棒搅拌 2～3 分钟。

4. 2～3 分钟之后，在钢板上已经有一些水滴生成。随着反应时间的增加，这些水滴会越变越大，一会儿就会像雨一样降下来了。

学一学

暴雨来临前要做哪些准备

1. 注意各种媒体关于暴雨的最新消息。

2. 检查房屋是否牢固安全，如果是危旧房屋，或处于地势低洼住宅里的居民，更应及时转移到安全地方。

3. 检查电路、炉火、煤气等设施是否安全，最好关闭煤气阀和电源总开关。

4. 收拾家中贵重物品放到楼上或置于高处。

5. 适当准备一些饮用水和日用品，搜集木盆、木板、大件泡沫塑料等适合漂浮的材料，加工成救生装置以备急用。

6. 暂停户外活动，户外人员立即到安全地方暂避。

7. 幼儿园、学校应采取暂避措施，在接收到暴雨红色预警信号时建议停课。

8. 提前收（盖）露天晾晒物品。

9. 及时清理排水管道，保持排水畅通。

6 雷电

雷电是伴有闪电和雷鸣的一种雄伟壮观而又令人生畏的天气现象，是来自积雨云中的放电现象，可能发生于云与云、云与地之间。

（摄影：侯世飞）

雷电的形成原理

夏天经常可看到延伸至高空中的积雨云，雷电就发生在积雨云中。

在积雨云中，水或冰的小颗粒会因强烈摩擦撞击而产生正、负两种电荷。在通常情况下空气不导电，电荷就会逐渐累积，等到超过一定限度之后，会全部释放出来（放电）。正负电荷中和时产生很强的光，称为闪电；放电现象发生时产生的热使得空气膨胀发出的声音（雷鸣），就是“打雷”。一般人们都是先看到闪电，后听到雷声，其实这两种现象是同时发生的。

雷电的种类

直击雷：云层与地面凸出物之间的放电形成的雷。直击雷可在瞬间击伤击毙人畜。

（摄影：陈俪媛）

球形雷：一种球形、发红光或极亮白光的火球，运动速度大约为 2 米 / 秒。球形雷能从门、窗、烟囱等通道侵入室内，极其危险。

雷电感应：分为静电感应和电磁感应两种。静电感应是由于雷云接近地面，在地面凸出物顶部感应出大量异性电荷所致。雷云与其他部位放电后，凸出物顶部的电荷失去束缚，以雷电波形式沿突出物极快地传播。电磁感应是由于雷击后，巨大雷电流在周围空间产生迅速变化的强大磁场所致。这种磁场能在附近的金属导体上感应出很高的电压，造成二次放电，从而损坏人体和电气设备。

雷电侵入波：由于雷击而在架空线路上或空中金属管道上产生的冲击电压沿线或管道迅速传播的雷电波。例如，雷雨天，室内电气设备突然爆炸起火或损坏，人在屋内使用电器或打固定电话时突然遭电击身亡都属于这类事故。

做一做

关闭电灯的电源，人坐在木椅或塑料椅子上，脚抬起或搁在木板上，用泡沫塑料块与头发摩擦。再取下泡沫塑料块，用手指靠近，会看到手指与泡沫塑料块之间出现闪光，并发出“啪”的响声。

【动脑想想】实验中的什么现象，相当于闪电、打雷？做这个实验为什么不能坐金属椅子或站在地上？

学一学

打雷时应该怎么做？

在雷雨天气时，应尽量待在有防雷设施的建筑物内，关闭窗户，关闭电器，不靠近电器。在户外时不要靠近高压变电室（电线）和孤立的高楼、烟囱、电杆、旗杆等，更不要站在空旷的水域边、高地上或在大树下躲雨。

7 认识雾和霾

雾是一种自然现象，是悬浮在贴近地面的大气中的大量微细水滴或冰晶的可见集合体。霾又称灰霾，主要是人为因素造成的：空气中的灰尘、硫酸、硝酸、有机碳氢化合物等粒子使大气混浊，视野模糊并导致能见度恶化。

雾与霾的六大区别

能见度范围不同：雾的水平能见度小于 1 千米，霾的水平能见度小于 10 千米。

雾 （摄影：何华龙）

霾

相对湿度不同：雾的相对湿度大于 90%，霾的相对湿度小于 80%，相对湿度介于 80%～90% 是霾和雾的混合物，但其主要成分是霾。

厚度不同：雾的厚度只有几十米至 200 米左右，霾的厚度可达 1～3 千米。

边界特征不同：雾的边界很清晰，过了雾区可能就是晴空万里，但是霾与晴空区之间没有明显的边界。

颜色不同：雾的颜色是乳白色、青白色，霾则是黄色、橙灰色。

雾

日变化不同：雾一般在午夜至清晨最易出现；霾的日变化特征不明显，当气团没有大的变化、空气团较稳定时，持续出现时间较长。

雾－霾天气因何来

大气污染物排放、气象条件、大气化学反应过程是导致雾－霾天气出现的三大因素。

污染物排放是雾－霾天气产生的“元凶”，也是造成酸雨的原因。据分析，污染源包括燃煤、机动车尾气、工业企业排放、地面扬尘、居民生活污染排放等。

雾－霾天气出现，必须满足一定的气象条件。在静稳天气形势下，大气稳定度高，空气垂直对流减弱，不利于污染物和水汽垂直扩散；风速较小，不利于污染物和水汽水平扩散，使得大气污染物容易聚集在近地层某个区域。

雾－霾

雾－霾的大气化学反应过程也不容忽视。一些大气污染物在排放时就是颗粒物，比如扬尘、灰尘等；还有些污染物在排放时是气态物质，如燃煤产生的二氧化硫、机动车排放的氮氧化物等，这些气态物质经大气光化学反应后，会转化为颗粒物。

说一说

雾和霾有什么区别？

8 福清天气气候特点

福建省福清市属亚热带海洋性季风气候，温暖湿润，雨量较充沛。其主要气象灾害有台风、暴雨、干旱、寒潮以及强雷电等。

气温特点

1991—2020 年近 30 年城区年平均气温为 20.5℃，年平均相对湿度为 74%，最小为 11%。有气象记录以来，年极端最高气温为 38.7℃（1978 年 8 月 1 日），年极端最低气温为 -1.2℃（1963 年 1 月 27 日）。

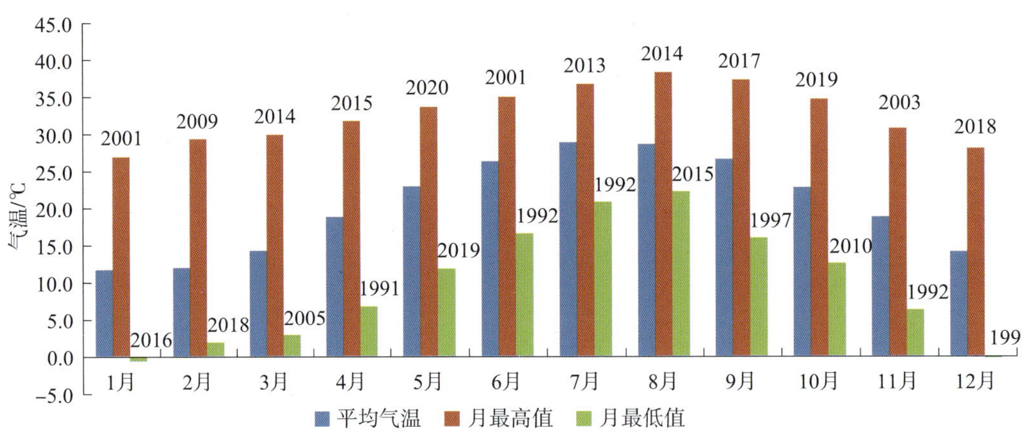

1991—2020 年福清市逐月平均气温和逐月气温极值

降水特点

福清雨季、干季分明，降水集中在 3—9 月，而 10 月至次年 2 月为少雨季节。1991—2020 年近 30 年城区平均年降水量为 1549.3 毫米。有气象记录以来，最大年降水量为 2346.7 毫米（2000 年），最小年降水量为 809 毫米（1967 年）。最大月降水量 695.3 毫米（2000 年 6 月），最大日降水量 296.4 毫米（2002 年 8 月 7 日）。

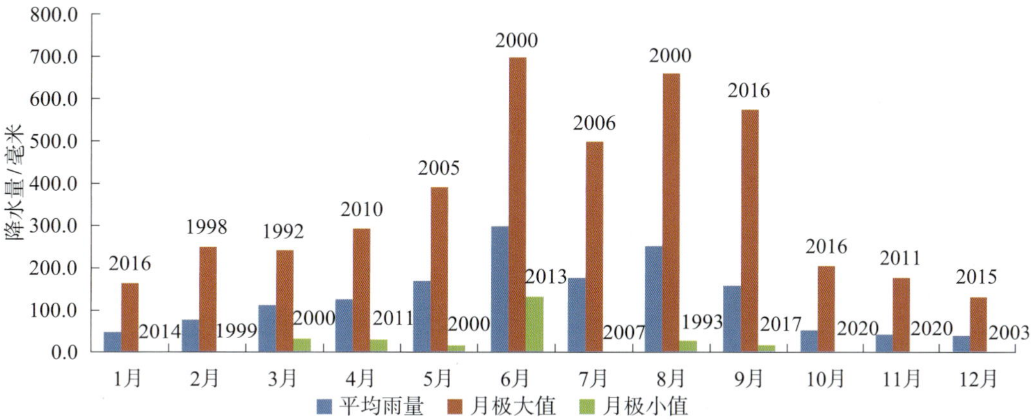

1991—2020 年福清市逐月平均降雨量和逐月雨量极值

季风特点

福清市冬半年盛行偏北风，夏半年盛行偏南风；年平均风速为 2.2 米/秒，瞬时最大风速为 40 米/秒（13 级）以上（1985 年 8 月 23 日），风向东北。

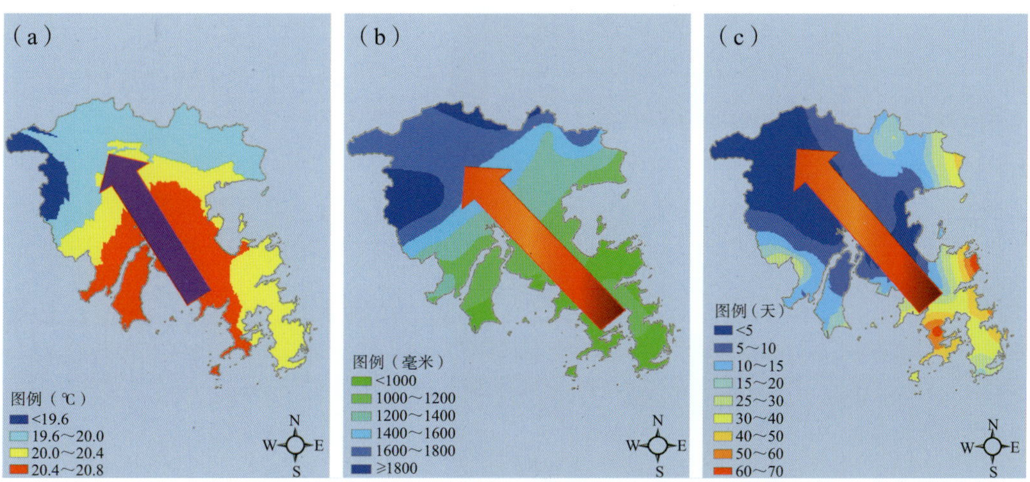

福清市年平均温度（a）、平均年降水量（b）、年大风日数（c）分布图

福清市平均气温由东南沿海向西北山区递减，但最高气温和最低气温都出现在西北山区，降雨量由东南沿海向西北山区递增，大风日数沿海明显偏多。

全年气候特点

3—4 月为春雨季节，天气多变，有强对流天气，会出现春季低温时段或倒春寒天气。

5—6 月为前汛期，阴雨连绵，雨季高峰期常出现连续性大雨或暴雨。

（摄影：王为灵）

7—9 月为夏季，以盛夏晴热天气为主。台风为主要灾害，但却能缓解高温夏旱。

10—11月为秋季，秋高气爽，常出现秋旱。

12月至次年2月为冬季，冷空气频繁，偶有寒潮。

学一学

气象：即天气现象，指发生在天空中的风、云、雨、雪、霜、打雷、闪电等一切大气的物理现象。

天气：某个地区在某一段时间内的大气运动情况和过程。

气候：某个地区气象要素的多年平均状况及其极端情形。

我们可以说，今天的天气比较好，但是不能说，今天的气候比较好。

9 认识观测仪器

气象仪器是用来定量、定性测量一个或几个气象要素的仪器，其测量要素有温度、气压、湿度、风向风速、能见度、降水、日照、地温等。

传感器将气象参数转换成数据采集器所需的模拟量、数字、频率等，以便进行测量，数据采集器将传感器送来的参量按设定的要求进行处理。

目前我们使用的仪器为各类要素传感器，可分为温度传感器、湿度传感器、气压传感器、能见度传感器、降水现象仪、风向风速传感器、地温传感器、光电式日照传感器等。

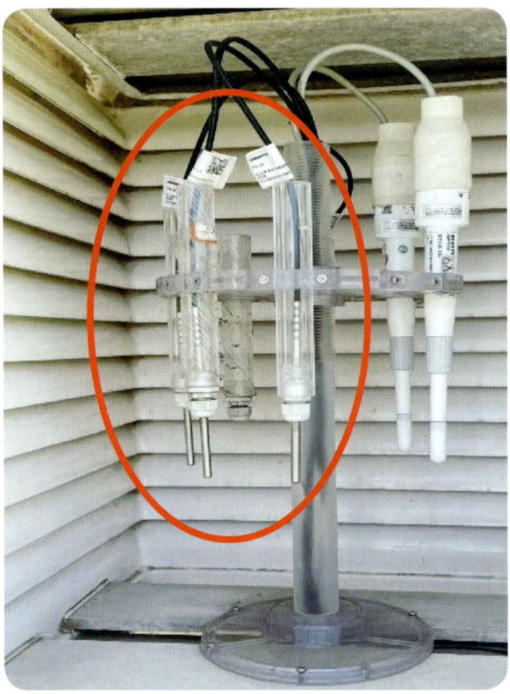

温度传感器

温度传感器

什么是空气温度？

空气温度简称气温，是表示空气冷热程度的物理量。

气象台站百叶箱内观测用的温度传感器用来测量离地面150厘米高度处的空气温度。

湿度传感器

什么是空气湿度?

空气湿度简称湿度，是表示空气中水汽含量和潮湿程度的物理量。

气象台站用的湿度传感器用来测量离地面150厘米高度处的空气湿度。

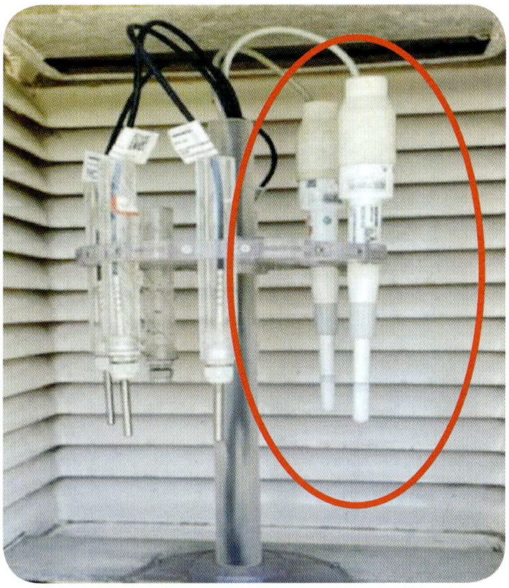

湿度传感器

气压传感器

气压是指作用在某地单位面积上的大气压力，即等于某地单位面积上向上延伸到大气上界的垂直空气柱的重量。

气象台站用的气压传感器是用来测量离地面120厘米高度处的气压。

气压传感器

能见度传感器

能见度是指物体能被肉眼看到的最大的水平距离，也指物体在一定距离被肉眼看到的清晰程度。

能见度传感器是用来测量大气的清晰程度。

降水现象仪

降水现象是指从天空下降固态、液态、混合态降水的天气现象。

降水现象仪是用来观测包括毛毛雨、雨、雪、雨夹雪、冰雹 5 种降水现象，以及对应的雨滴图谱数据。

能见度传感器

降水现象仪

光电式日照传感器

日照时间是指一天中太阳光照射的时间。

测量日照时间所使用的传感器称为日照传感器。

光电式日照传感器

风向风速传感器

风是指空气运动产生的气流。

风具有风向和风速，风向是指风的来向；风速是指在单位时间内空气移动的距离。测量风向、风速所使用的传感器称为风向、风速传感器。

风向、风速观测铁塔

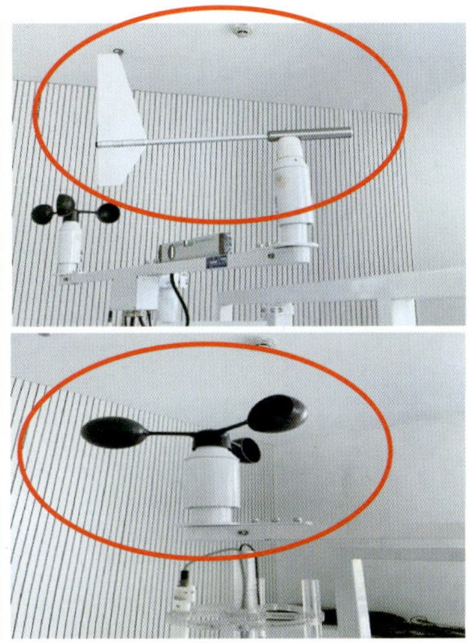

风向、风速传感器

雨量传感器

天气预报中的降水量，是指在一定时间内降落到某地地面的水量，用毫米表示。

而测量降水量所使用的传感器称为雨量传感器。

雨量传感器外部

雨量传感器内部

地温、草温传感器

下垫面温度和不同深度的土壤温度统称为地温。

下垫面温度包括土壤表面地面温度和草面（或雪面）温度，不同深度的土壤温度包括浅层地温和深层地温。

浅层地温包括离地面 5 厘米、10 厘米、15 厘米、20 厘米深度的地中温度。深层地温包括离地面 40 厘米、80 厘米、160 厘米、320 厘米深度的地中温度。

浅层地温测量

深层地温测量

草面温度测量

说一说

你知道雨量传感器如何测量雨量吗？

10 认识我国杰出气象学家——高由禧

高由禧先生简历

高由禧先生1920年2月14日生于福建省福清市江镜镇下和洋村的一个贫苦农民家庭。2001年3月3日在兰州逝世，享年82岁。

高由禧7岁在乡里上小学。他学习非常努力，加上记忆力强，很快成为学习尖子。后进入福建省福清县融美初级中学，1935年7月毕业。1935年至1938年，就读于福州私立英华高级中学。高中毕业后，因家中经济困难，在融美中学当了一年教师。1939年夏，考入中央大学（重庆）地理系，进入气象专业，1944年夏毕业。1945年底，高由禧由气象学家涂长望和竺可桢介绍，到中央研究院气象研究所（中国科学院地球物理研究所的前

高由禧先生（右二）

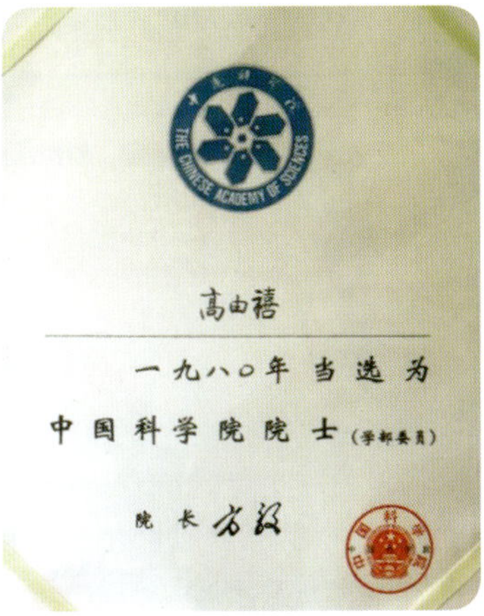

身）工作，师从赵九章和竺可桢先生，任助理研究员，负责天气图工作。

高由禧为我国气象科学及其国际地位的提高，做出了不可磨灭的贡献。1980 年，高由禧当选为中国科学院学部委员（1993 年改称院士），为福清第一批中国科学院院士。

高由禧先生的主要科学研究成就和学术思想

1949 年，为了打破帝国主义对新中国实施的经济封锁，急需评估海南岛是否适合橡胶种植。高由禧利用极少的气象资料，对海南岛的气候特征进行了详细的研究。1955 年，他与徐淑英和许孟英等出版了《海南岛气候》一书，总结了他们的研究成果。1950 年，为提供抗美援朝急需的台风预报，高由禧用历史资料总结出台风的路径及其与天气类型的关系，得到当时行之有效的台风预报方法。他与顾震潮等相继出版了《台

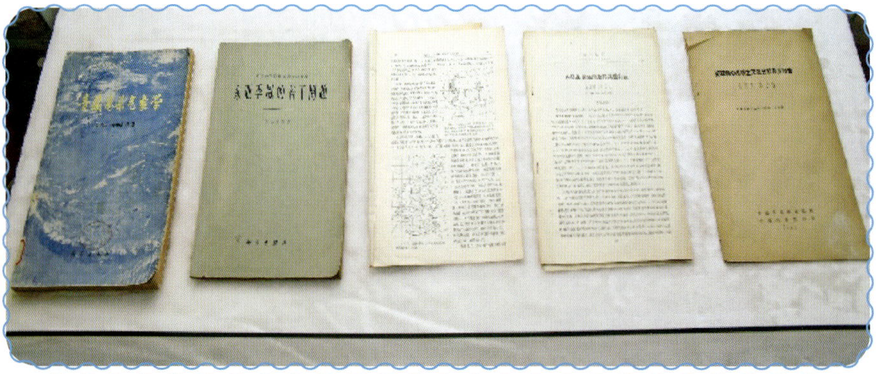

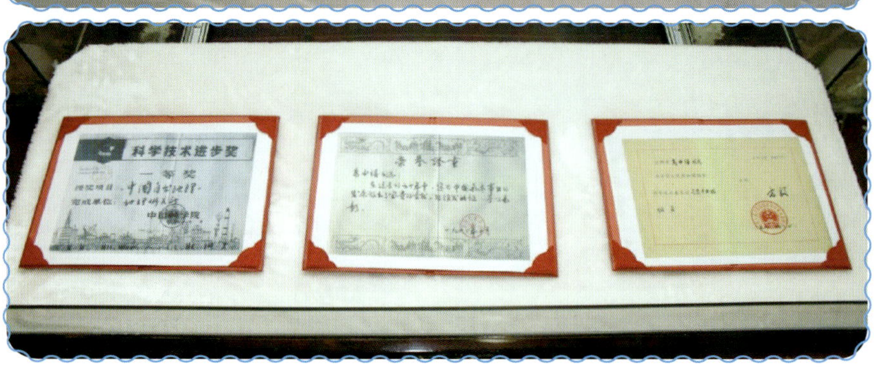

高由禧先生的部分出版物和获奖证书

风研究》和《台风的路径图及其一些统计》等著作。1954 年毛泽东主席发出了根治黄河的号召。高由禧等整理了黄河流域水文站和雨量站的降水资料，研究了黄河流域降水的气候特征以及暴雨与旱涝的关系，与叶笃正等出版了图书《黄河流域的降水》。1958 年，为增加河西走廊的供水，高由禧等带领工作人员参加中国科学院组织的融冰化雪队，从北京奔赴祁连山进行人工化雪实验，并以兰州为基地成立了兰州地球物理研究室。

高由禧从事气候学、青藏高原气象学和干旱地区陆气相互作用等研究 50 多年，撰写与参与撰写了 8 部学术专著，发表了 100 多篇有重要学术价值的论文。高由禧曾获得全国科学大会优秀成果奖、国家自然科学奖一等奖和三等奖、国家科学技术进步奖特等奖和一等奖、中国科学院重大科技成果奖二等奖等多项科研奖励。

高由禧先生的科学精神

在我国现代气象学的发展历程中，高由禧根据气象科学本身的特点和规律，强调气象学为国民经济和国防建设服务，并身体力行，不断开拓和指导了气象学的许多综合研究工作。他密切关注国内外学术研究的动向和发展趋势，提倡学科交叉和综合研究，积极引入和应用新思想、新方法和新技术，十分重视理论与实践相结合。高由禧以其渊博的学识、独到的见解、敏捷的思维和敬业的精神，在气象学研究中取得了多方面的杰出成就，其中包括东亚环流的季节变化、台风路径的统计和预报、海南岛气候、黄河流域的降水和旱涝、东亚季风的成因和影响以及青藏高原气象学等。

高由禧先生不仅是一位受人尊敬的长者，也是一位在繁忙的行政事务和社会活动中仍然坚持科学研究活动的杰出科学家。他对年轻人关怀备至、循循善诱，为他们创造了业务发展的各种有利条件。他的一生始终密切关注着国内外气象学研究的动向和发展趋势，工作在气象学科的前沿领域。他重视并提倡气象学的综合性研究，强调气象学为农业、水利工程、国防建设和其他国民经济建设服务。他主张批判性地继承前人的研究结论，不断地扩充和发展气象学的新概念、新思想和新方法，着力发现和培养气象学研究的新人才和接班人。他以其渊博的学识、敏捷的洞察力、高度的团队精神和毕生的辛勤劳动，为我国现代气象学的发展和研究水平的提高做出了卓越的贡献。

说一说

与同学交流：我们可以学习高由禧先生的哪些精神？

气象灾害
与防御自救

11 认识台风

什么是台风？

俗称的台风是热带气旋中的一种。热带气旋是发生在热带或副热带洋面上的低压涡旋，是一种强大而深厚的热带天气系统。通常在业务应用中，台风指在北太平洋西部洋面上发生，近中心最大风力达 8 级及以上的热带气旋。在北半球热带气旋中的气流绕其中心呈逆时针方向旋转，在南半球则相反。热带气旋在西太平洋称台风，在美国称飓风。

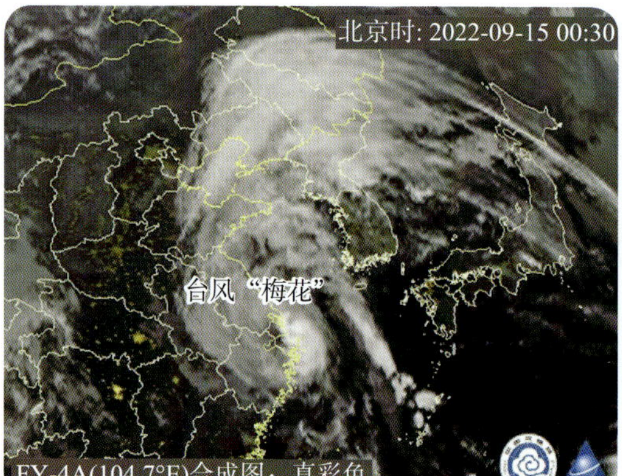

台风“梅花”登陆

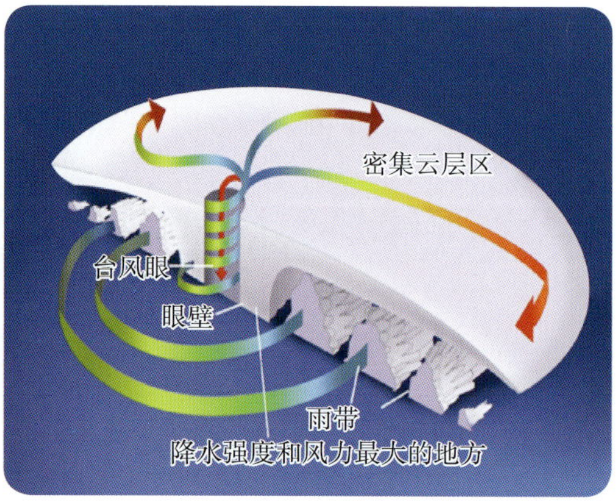

台风结构示意图

如何形成台风？

热带气旋的形成需具备以下几个条件：

广阔的暖洋面：海水温度≥26.5℃以上，提供热带气旋高温、高湿的空气。

初始扰动：要有低层大气向中心辐合、高层向外扩散的初始扰动。

垂直方向风速不能相差太大：上下层空气相对运动很小，才能使初始扰动中水汽凝结所释放的潜热能集中保存在台风眼区的空气柱中，有利于热量聚集，形成并加强台风暖中心结构。

足够大的地转偏向力作用：地球自转作用有利于气旋性涡旋的生成，台风多生成在纬度 5° 以上的热带海洋。

台风的生命史

热带气旋的生命史可分为生成、成熟和消亡三个阶段。其生命期平均为一周左右，短的只有 2～3 天，最长可达一个月左右。

台风强度的划分

根据国家标准《热带气旋等级》（GB/T 19201—2006），热带气旋按中心附近地面最大风速划分为六个等级。热带气旋级别达到热带风暴以上，也就是最大风力达到 8 级以上，称为台风。

热带气旋等级划分

热带气旋等级	底层中心附近最大平均风速 /（米 / 秒）	底层中心附近最大风力 / 级
热带低压（TD）	10.8～17.1	6～7
热带风暴（TS）	17.2～24.4	8～9
强热带风暴（STS）	24.5～32.6	10～11
台风（TY）	32.7～41.4	12～13
强台风（STY）	41.5～50.9	14～15
超强台风（SuperTY）	≥51.0	16 级或以上

台风名字的由来

热带气旋命名表由世界气象组织台风委员会第 31 届会议讨论通过，从 2000 年 1 月 1 日开始执行。命名表共有 140 个名字，分别来自柬埔寨、中国、朝鲜、中国香港、日本、老挝、中国澳门、马来西亚、密克罗尼西亚联邦、菲律宾、韩国、泰国、美国和越南 14 个成员。每个成员各贡献 10 个名字。命名表按顺序命名，循环使用。

对造成特别严重灾害的热带气旋，台风委员会成员可以申请将该热带气旋使用的名字从命名列表中删去（此名字成为某个灾害特别严重的热带气旋的专有命名），也可以因为其他原因申请删除名字。每年的台风委员会届会将审议台风命名表，将用新的命名代替已删去的命名。

台风路径

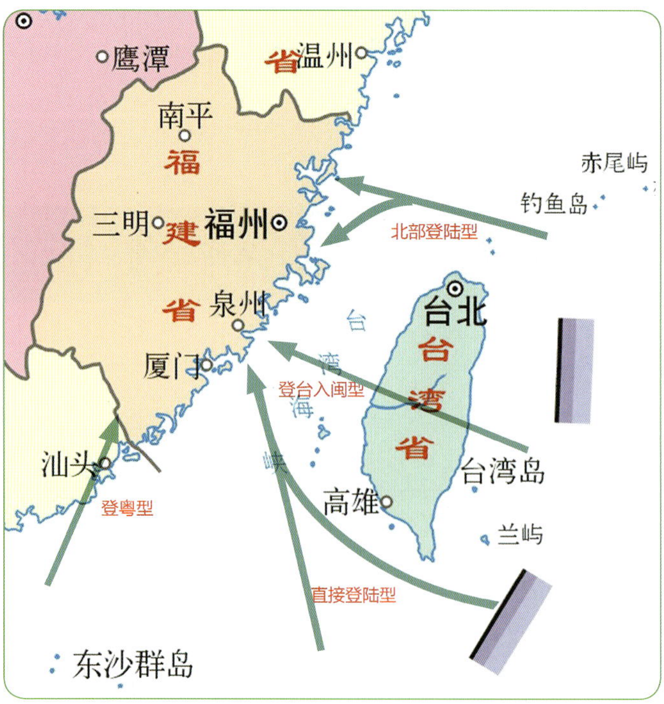

影响福建省的台风路径

热带气旋的路径一般受 3～5 千米高空气流的引导，它的移动速度也同高空气流的流速有关系。据统计，影响福建省的热带气旋路径主要有四类：①北部登陆型（典型台风：“潭美”）；②登台入闽型（典型台风：“龙王”）；③直接登陆型（典型台风：“飞燕”）；④登粤型（典型台风：“北冕”）。热带气旋的移动速度平均约 20～30 千米 / 时，转向时移速较慢，转向后移速较转向前要快些。

影响福清市台风分析

根据第一次气象灾害综合风险普查成果显示，影响福清市的台风一般出现在 5—10 月，主要集中出现在 7—9 月；平均每年有 4 次，最多年有 10 次（1961 年），次多年有 8 次（1990 年）。

1961—2023 年共有 16 个台风登陆福清，其中 1960—1989 年近 30 年间有 4 个，1990—2004 年有 7 个，2005—2007 年无台风登陆，2008—2017 年有 5 个。总体上是进入 20 世纪 90 年代以后登陆福清市的台风明显增多。登陆福清市的台风集中在 6—9 月，8 月最多，达 8 个。同一年份登陆福清市的台风最多为 2 个（2017 年）。

影响福清市典型台风介绍

200102 号台风“飞燕”： 2001 年 6 月 23 日 22 时 20 分在高山镇沿海登陆。台风沿台湾海峡北上登陆，登陆前一直风平浪静，直至登陆前 50 分钟开始出现狂风暴雨，大风从 23 日 21 时 32 分至 24 日 02 时 50 分持续 5 个多小时，瞬间最大风速 36 米 / 秒，风向东北，这是福清市仅次于 1985 年 8510 号台风出现的历史第二大风速值。23 日夜间出现大暴雨，雨量达 110.1 毫米，过程雨量为 112.0 毫米。台风“飞燕”是影响福清市最严重的台风之一，长时间大风伴随着大暴雨，带来巨大灾难。

201709 号台风“纳沙”：2017 年 7 月 30 日 06 时在福清市高山镇沿海登陆。

201710 号台风“海棠”：2017 年 7 月 31 日 02 时 50 分在福清市东瀚镇沿海登陆。双台风在 24 小时内相继登陆影响福清，在我国尚属首例。7 月 28 日 20 时至 8 月 2 日 20 时过程雨量：福清市城区 395.3 毫米（7 月 30 日暴雨、31 日和 8 月 1 日大暴雨），部分镇街大于 400 毫米。双台风影响期间，福清市沿海出现 9～11 级大风（最大风速出现在三山镇上坤村，30.7 米 / 秒，东北风），内陆 8～10 级大风（最大风速出现在南岭镇，27.8 米 / 秒，城区 21.9 米 / 秒，9 级，东南风）。

202311 号台风“海葵”：2023 年 9 月 5 日 05 时 20 分在福建省东山县登陆。受其影响，福清市出现 8～10 级大风，最大风速出现在江阴港，27.7 米 / 秒。此次台风过程强降雨主要集中在 5 日凌晨，最大小时雨量为镜洋镇 119.2 毫米，城区 1 小时最大雨量石竹街道 117.8 毫米；3 小时最大雨量一都镇 301 毫米，城区 3 小时最大雨量石竹街道 257.4 毫米；24 小时最大雨量镜洋镇达到 370.7 毫米、城区 24 小时最大雨量石竹街道 348.2 毫米。过程最大降雨量出现在镜洋镇 508.2 毫米。短时强降水造成 23 个小区严重积水、26 个小区电力中断、29 个小区车库积水。

说一说

1. 俗称的“台风”和台风级别的台风如何区别？
2. 你还知道哪些台风相关的知识？
3. 台风到来有什么好处吗？

12 台风的防御与自救

台风会带来哪些灾害？

台风灾害主要是在台风登陆前和登陆之后引起的。台风引起的直接灾害通常由以下三方面造成。

狂风： 据测，当风力达到 12 级时，垂直于风向平面上每平方米风压可达 230 千克。因此，台风及其引起的海浪可以把万吨巨轮抛向半空拦腰折断，也可把巨轮推入内陆；大风亦可以把杂物吹到半空，使户外环境变得非常危险。

暴雨： 一次台风登陆，降雨中心降水量一天可达 100～300 毫米，甚

至 500～800 毫米，达到大暴雨或特大暴雨级别。台风暴雨造成的洪涝灾害，来势凶猛，破坏性极大，是最具危险性的灾害。

风暴潮：当台风移向陆地时，由于台风的强风和低气压的作用，使海水向海岸方向强力堆积，潮位猛涨，水浪排山倒海般向海岸压去。强台风的风暴潮能使沿海水位上升 5～6 米。如果风暴潮与天文大潮高潮位相遇，能产生高频率的潮位，导致潮水漫溢，海堤溃决，冲毁房屋和各类建筑设施，淹没城镇和农田，造成大量人员伤亡和财产损失。

台风的次生灾害包括暴雨引起的山体滑坡、泥石流等。台风还可能造成生态破坏、疫病流行。如台风引起的风暴潮会造成海岸侵蚀，海水倒灌造成土地盐渍化等灾害；台风造成的泥石流会破坏森林植被；台风引发的洪水过后常常容易出现疫情等。

台风来袭前会有什么预兆？

在台风将到的前两三天，可以由若干现象来研判台风正逐渐接近中。

高云出现：在台风最外缘是卷云，白色羽毛状或马尾状甚高之云，当此种云在某方向出现，并渐渐增厚而成为较密之卷层云，此时即显示可能有一台风正渐渐接近。

能见度良好：台风来临前两三天，能见度转好，远处山树皆能清晰可见。

海、陆风不明显：平时日间风自海上吹向陆地，夜间自陆地吹向海上，称为海风与陆风，但在台风将来临前数日，此现象便不明显。

长浪：夏季风力温和，海浪亦较平稳，但远处有台风时，波浪将趋汹涌，渐次传至台湾沿海，而有长浪现象。东部沿海一带居民都有此种经验。

海鸣：台风渐接近，长浪亦渐大渐高且撞击海岸山崖发出吼声，东部沿岸亦常可闻，之后约 3 小时后台风就会来临。

骤雨忽停忽落：当高云出现后，云层渐密渐低，常有骤雨忽落忽停，这也是台风接近的预兆。

风向转变：台湾夏季常吹西南风，也较和缓，但如转变为东北风时，即表示台风已渐接近，并已开始受到台风边缘的影响，此后风速并将逐渐增强。

特殊晚霞：台风来袭前一两天，当日落时，常在西方地平线下发出数条放射状红蓝相间的美丽光芒，发射至天顶再收敛于东方与太阳对称之处，此种现象称为反暮光。

气压降低：根据以上诸现象，如果再发现气压逐渐降低，显示将进入台风边缘了。

看懂台风预警信号

【台风蓝色预警信号】（戒备信号）

含义：24 小时内可能或者已经受热带气旋影响，沿海或者陆地平均风力达 6 级以上，或者阵风 8 级以上并可能持续。

防御指南：

Ⅰ. 政府及相关部门按照职责做好防台风准备工作；

Ⅱ. 停止露天集体活动和高空等户外危险作业；

Ⅲ. 相关水域水上作业和过往船舶及养殖渔排采取积极的应对措施，注意最新的台风预报，做好撤离准备，采取回港避风或者绕道航行等措施；

Ⅳ. 加固门窗、围板、棚架、广告牌等易被风吹动的搭建物，切断危险的室外电源。进入台风戒备状态，学生、家长及老师应关注官方气象信息传播渠道发布的最新台风动态和有关防台风的通知。

【台风黄色预警信号】(防御信号)

含义：24 小时内可能或者已经受热带气旋影响，沿海或者陆地平均风力达 8 级以上，或者阵风 10 级以上并可能持续。

防御指南：

Ⅰ. 政府及相关部门按照职责做好防台风应急准备工作；

Ⅱ. 停止室内外大型集会和高空等户外危险作业；

Ⅲ. 相关水域水上作业和过往船舶采取积极的应对措施，加固港口设施，防止船舶走锚、搁浅和碰撞；

Ⅳ. 渔排上人员应安全转移；

Ⅴ. 加固或者拆除易被风吹动的搭建物，人员切勿随意外出，确保老人小孩留在家中最安全的地方，危房人员及时转移。

【台风橙色预警信号】(紧急防御信号)

含义：12 小时内可能或者已经受热带气旋影响，沿海或者陆地平均风力达 10 级以上，或者阵风 12 级以上并可能持续。

防御指南：

Ⅰ. 政府及相关部门按照职责做好防台风抢险应急工作；

Ⅱ. 停止室内外大型集会、停课、停业(除特殊行业外)；

Ⅲ. 相关水域水上作业和过往船舶应当回港避风，加固港口设施，防止船舶走锚、搁浅和碰撞；

Ⅳ. 加固或者拆除易被风吹动的搭建物，人员应当尽可能待在防风安全的地方，当台风中心经过时风力会减小或者静止一段时间，切记强风将会突然吹袭，应当继续留在安全处避风，危房人员及时转移；

Ⅴ. 相关地区应当注意防范强降水可能引发的山洪、地质灾害。

【台风红色预警信号】(特别紧急防御信号)

含义：6 小时内可能或者已经受热带气旋影响，沿海或者陆地平均风力达 12 级以上，或者阵风达 14 级以上并可能持续。

防御指南：

Ⅰ. 政府及相关部门按照职责做好防台风应急和抢险工作；

Ⅱ. 停止集会、停课、停业（除特殊行业外）；

Ⅲ. 回港避风的船舶要视情况采取积极措施，妥善安排人员留守或者转移到安全地带；

Ⅳ. 加固或者拆除易被风吹动的搭建物，人员应当待在防风安全的地方，当台风中心经过时风力会减小或者静止一段时间，切记强风将会突然吹袭，应当继续留在安全处避风，危房人员及时转移；

Ⅴ. 相关地区应当注意防范强降水可能引发的山洪、地质灾害。

台风防患与自救

提示一：千万别下海游泳

台风来时海滩助潮涌，大浪极其凶猛，在海滩游泳是十分危险的，所以千万不要去下海。

提示二：受伤后不要盲目自救，请拨打“120”

台风中外伤、骨折、触电等事故最多。外伤主要是头部外伤，被刮倒的树木、电线杆或高空坠落物如花盆、瓦片等击伤。电击伤主要是被刮倒的电线击中，或踩到掩在树木下的电线。不要打赤脚，穿雨靴可防雨同时起到绝缘作用，预防触电。走路时观察仔细再走，以免踩到电线。通过小巷时，也要留心，因为围墙、电线杆倒塌的事故很容易发生。高大建筑物下注意躲避高空坠物。发生急救事故，先打电话“120”，不要擅自搬动伤员或自己找车急救。搬动不当，对骨折患者会造成神经损伤，严重时会导致瘫痪。

提示三：减少出行，一定要出行建议乘坐火车

在航空、铁路、公路三种交通方式中，公路交通一般受台风影响最大。如果一定要出行，建议不要自己开车，可以选择乘坐火车。

提示四：为了自己和他人安全，请检查家中门窗阳台

台风来临前应将阳台、窗外的花盆等物品移入室内；切勿随意外出；家长关照自己孩子；居民用户应把门窗捆紧拴牢，特别应对铝合金门窗采取防护，确保安全。市民出行时，请注意远离迎风门窗，不要在大树下躲雨或停留。

应该如何判断台风是否远离？

台风侵袭期间，风狂雨骤时，突然风停雨止，这是否表示台风已经远离了？

当狂风暴雨突然停止的时候，应该是台风眼经过的现象，一般而言，二三十分钟之后，狂风暴雨会再来临，千万不可认为台风已经远离。因为台风离开时，通常风雨是渐渐减小的，不会突然停止。如果台风眼并未经过当地，但风向逐渐从偏北风变成偏南风，且风雨渐小，气压逐渐上升，云也逐渐消散，天气转好，这也表示台风正远离中。

说一说

1. 台风会带来哪些主要灾害和次生灾害？
2. 怎样预防台风带来的危险？
3. 联系实际，讨论台风来临前、台风远离时如何判断？

13 认识强对流

强对流的定义

强对流天气指的是发生突然、天气剧烈、破坏力极强的一类天气系统，并不是指一种天气。我们常见的强对流天气有雷雨、雷暴、大风、短时强降水这几种，当然，我国有些地区也较常见冰雹、龙卷。此外，强对流天气还有飑线现象。

整体来讲，强对流天气分为六种天气情况，即雷雨大风、雷暴、短时强降水、冰雹、龙卷以及飑线。很显然，这六种天气情况都可能会给我们带来一定程度的灾害。下面我们一一来认识这些天气情况。

雷雨大风：雷雨大风是强对流最常见的天气，可谓是强对流天气的“标配”了。该天气是指伴随着平均风力为 6 级、阵风风力 8 级以上的雷雨天气。雷雨大风天气主要出现于强烈冷锋前面的雷暴高压中。通常在这种情况下，很容易导致短时强降雨、冰雹等强对流天气的出现。

雷暴：雷暴天气在强对流天气中危害是比较大的，福清市平均雷暴

（摄影：王为灵）

日 34.67 天，雷暴日主要集中于 3—9 月，以 6 月、8 月最多，1 月、11 月、12 月无雷暴记录。强雷暴可以击毁房屋、引起火灾等，所伴随的暴雨等天气会给经济作物带来严重损失。2008 年 8 月 26 日中午，福清渔溪镇柳厝 3 名妇女正在地里捡花生未及时避险，强对流天气导致其中 2 人被雷击中，一死一伤。

短时强降水：一般是指 1 小时内某一个地区的降雨量达 20 毫米以上。根据上述对雷雨大风天气的了解，我们可以知道，短时强降水是在雷雨大风天气下衍生出来的，短时强降水的形成需要有足够充分的水汽和强烈的上升运动。

冰雹：冰雹也是强对流天气中较常见的现象，因为水蒸气大量上升遇冷形成冰晶后，这些冰晶被上升气流带到水分充足的区域，便积累形成较大的冰体，即为冰雹。福清市 1961—2020 年观测到的累计冰雹日数共计为 18 天，集中在 2—5 月，以 3 月最多，多发于 16 时。降雹的持续时间 5 分钟（短时）以内最多，最长持续时间 30 分钟。冰雹直径在 10.0～19.9 毫

2017 年 3 月 6 日一都镇善山村遭受冰雹袭击

米居多，历史记录的最大冰雹直径为50毫米。冰雹会给农业、建筑、通信、电力、交通以及人畜生命安全等带来巨大危害。

飑线：飑线是指寿命短、范围小、气压及风发生突变狭窄现象。就飑线的形状来看，是雷暴单体排列形成强对流云带，看起来就像个糖葫芦的样子。其长度为几十至几百千米，宽度为几十千米至二百千米。飑线可以引起上述的强对流天气出现。

龙卷：龙卷天气在美国经常出现，但是我国龙卷天气也不少，尤其是我国华南一些地区，春夏交替时节容易出现龙卷。龙卷在旋转上升气流向心力和飑线低压相互作用下产生，是旋转上升湿热气流的中心。

说一说

1. 什么是强对流天气？

2. 强对流天气有什么特点？

3. 这节课自己有哪些收获？

学一学

1. 闪电离我们有多远？

闪电距离近，听到的就是尖锐的爆裂声；如果闪电距离远，听到的则是隆隆声。你在看见闪电之后可以开动秒表，听到雷声后即把它按停，然后以 3 来除所得的秒数，即可大致知道闪电离你有几千米。如时差为 3 秒，则闪电在 1 千米外。

2. 闪电与打雷为什么“不同时发生”？

闪电和雷声是同时发生的，但它们在大气中传播的速度相差很大，因此人们总是先看到闪电然后才听到雷声。光每秒大约能走 30 万千米，而声音只能走 340 米。根据这个现象，我们可以从看到闪电起到听到雷声止这一段时间的长短，来计算闪电发生处离开我们的距离。假如闪电在西北方，隔 10 秒听到了雷声，说明这块雷雨距离我们约有 3400 米远。

14　强对流天气的防御与自救

强对流会带来哪些灾害？

强对流天气危害大体上可归纳为风害、雷灾、涝害、雹害。强对流天气发生时，往往几种灾害同时出现。

强对流天气可导致树木折倒、房屋掀翻、瓦砾飞行、人畜受伤受害、庄稼倒伏。随着人民生活水平的提高、经济建设的发展，因强对流天气造成的损失也就更加严重。

强对流防御小知识

通过电视、电台、气象官方网站、短信、手机“知天气”APP 和“福清气象”微信公众号等渠道，及时收看、收听、查询强对流天气的预警信息。

雷电防御： 室内防雷：不宜敞开门窗，不宜使用热水器淋浴，不要触摸金属管道，不宜使用电器，最好关闭总电源开关。户外防雷：不宜外出，不要在户外劳作，远离广告牌、铁塔、大树、旗杆等，不要停留在空旷的高地上和建筑物顶上，不能在大树下躲雨避雷，不能在旷野用有金属伞柄的雨伞和携带金属器具，不要进入孤立的棚屋等无防雷设施的建筑物内，不要在户外奔跑或下水游玩，不宜使用手机，还要远离广告牌。

大风防御： 在强对流天气来临前，工地和厂区应加固围板、广告牌、棚架等临时搭建物，加固港口设施，防止船只走锚碰撞，出海作业船只和近海养殖人员应回港避风。机动车应减速慢行，小心侧风吹翻车辆，最好停到室内停车场避风，阳台上的花盆等易坠落的物品应及时加固或移入室内。海上有大风预警时，赶紧回港避风。

短时强降水防御： 短时强降水容易造成城市内涝、道路积水，在山区易引发泥石流、山体滑坡等灾害。在户外积水中行走时，要注意观察，尽量贴近建筑物行走，防止跌入窨井。遇到路面积水过深时，应尽量绕行，当汽车在低洼积水处熄火时，应下车到高处避险等待救援。在山区，如遇到泥石流，要向泥石流前进方向的两侧山坡跑。当遇到滑坡时，不要顺坡跑，而应向两侧逃离。

冰雹的防御：关好门窗，妥善安置好易受冰雹影响的室外物品。冰雹发生时应尽量躲在室内，切勿随意外出。暂停户外活动，如在户外，不要在高楼屋檐下，烟囱、电线杆或防护力不强的棚屋、岗亭、大树下躲避冰雹。在野外遇到冰雹，千万不要惊慌，更不能只顾低头拼命奔跑，一定要注意保护头部、颈椎与腰部，可以把坚硬的东西放在头上，迅速用衣服、包等随身物品遮挡头部。如身边没有可使用的保护物体，应将双手平举于头顶，身体弯曲前倾，头部与手应保持5厘米的距离，手不可举得过高，尽快转移到安全的地方暂避。行车中突遇暴雨加冰雹，应立即靠边找安全地带停车。

看懂强对流相关的预警信号

【雷雨大风黄色预警信号】

含义：6小时内受雷雨大风影响，将出现8～9级阵风并伴有雷电，或实况已出现并将持续，可能或已造成较大影响。

防御指南：

Ⅰ.政府及相关部门按照职责做好防雷防风工作；

Ⅱ.密切关注天气，尽量避免户外活动，除特殊行业外，视情况暂停高空、户外作业；

Ⅲ.把门窗、围板、棚架、临时搭建物等易被风吹动的搭建物固紧，妥善安置易受雷雨大风影响的室外物品，避免在广告牌、临时搭建物、树下、电杆下、塔吊等下方停留；

Ⅳ.停止游泳、划船等水上活动，公园、景区、游乐场等户外场所应当做好防护措施，确保人员安全。远离海边、低洼地区、危房、简易工棚等危险区域。

【雷雨大风橙色预警信号】

含义：2 小时内受雷雨大风影响，将出现 10～11 级阵风并伴有雷电，或实况已出现并将持续，可能或已造成较严重影响。

防御指南：

Ⅰ. 政府及相关部门按照职责落实防雷防风应急措施；

Ⅱ. 停止高空、户外活动和作业；加固易被风吹动的搭建物，妥善安置易受大风影响的室外物品；

Ⅲ. 户外人员应当尽量躲入有防雷设施的建筑物或者汽车内，不要在广告牌、临时搭建物、树下、电杆下、塔吊下躲避，在空旷场地不要打伞，不要使用手机，不要把金属杆物扛在肩上；

Ⅳ. 在建工地应当采取防护措施，加强工棚、脚手架、井架等设施和塔吊、龙门吊、升降机等机械、电器设备的安全防护；

Ⅴ. 公园、景区、游乐场等户外场所适时关闭相关区域或者停止营业，组织人员避险；

Ⅵ. 机场、铁路、高速公路、水上交通等单位应当采取保障交通安全的措施。

【雷雨大风红色预警信号】

含义：2小时内受雷雨大风或龙卷影响，将出现12级及以上阵风并伴有雷电，或实况已出现并将持续，可能或已造成严重影响。

防御指南：

Ⅰ. 政府及相关部门按照职责做好防雷防风应急抢险工作；

Ⅱ. 立即停止高空、户外活动和作业；

Ⅲ. 户外人员应当躲入有防雷设施的建筑物或者汽车内，切勿在广告牌、临时搭建物、树下、电杆下、塔吊下躲避，切勿接触天线、水管、铁丝网、金属门窗、建筑物外墙；

Ⅳ. 在建工地应当采取防护措施，加强工棚、脚手架、井架等设施和塔吊、龙门吊、升降机等机械、电器设备的安全防护；

Ⅴ. 公园、景区、游乐场等户外场所立即停止营业，组织人员避险；

Ⅵ. 机场、铁路、高速公路、水上交通等单位应当采取保障交通安全的措施。

15 认识暴雨

降雨量等级划分

暴雨按雨量的大小可以分为暴雨、大暴雨和特大暴雨。

不同时段降雨量等级划分

等级	时段降雨量	
	12 小时降雨量 / 毫米	24 小时降雨量 / 毫米
微量降雨（零星小雨）	<0.1	<0.1
小雨	0.1～4.9	0.1～9.9
中雨	5.0～14.9	10.0～24.9
大雨	15.0～29.9	25.0～49.9
暴雨	30.0～69.9	50.0～99.9
大暴雨	70.0～139.9	100.0～249.9
特大暴雨	≥140.0	≥250.0

如何观察天气征兆，躲避暴雨袭击

在夏季，当观察到下面几种天气征兆时应加强对发生暴雨的警惕性。

①早晨天气闷热，一般是低气压天气系统临近的征兆，午后往往有强降雨发生。

②早晨见到远处有宝塔状墨云隆起，一般午后会有强雷雨发生。

③多日天气晴朗无云，天气特别炎热，忽见山岭迎风坡上隆起小云

团，一般午夜或凌晨会有强雷雨发生。

④炎热的夜晚，听到不远处有沉闷的雷声忽东忽西，一般是暴雨即将来临的征兆。

⑤看到天边有漏斗状云或“龙尾巴”云时，表明天气极不稳定，随时都有雷雨大风来临的可能（见下图）。

（摄影：何敏）

看懂暴雨预警信号

【暴雨蓝色预警信号】

含义：6 小时内降雨量将达 50 毫米以上，或者已达 50 毫米以上且强降雨仍将持续。

防御指南：

Ⅰ. 政府及相关部门按照职责做好防暴雨准备工作；

Ⅱ. 学校、幼儿园采取适当措施，保证学生和幼儿安全；

Ⅲ. 检查城市、农田、鱼塘排水系统，做好排涝准备；

Ⅳ. 驾驶人员应当注意道路积水和交通阻塞，避免将车辆停放在低洼易涝等危险区域；

Ⅴ. 处于低洼易涝区、危房、边坡等可能发生危险区域的人员，应当关注降雨趋势，并采取必要的安全措施；

Ⅵ. 加强个人防护，避开危险区域，避免在桥底、涵洞等低洼易涝危险区域避雨，避免穿越水浸区域。

【暴雨黄色预警信号】

含义：3 小时内降雨量将达 50 毫米以上，或者已达 50 毫米以上且强降雨仍将持续。

防御指南：

Ⅰ. 政府及相关部门按照职责做好防暴雨工作，关注降雨趋势，及时转移危险地带人员和危房居民到安全场所避雨；

Ⅱ. 学校、幼儿园采取适当措施，保证学生和幼儿安全；

Ⅲ. 交通管理部门根据路况在强降雨路段采取交通管制措施，在积水路段实行交通引导；行驶车辆应当尽量绕开积水路段，避免将车辆停放在低洼易涝等危险区域；

Ⅳ. 城市、农田、鱼塘排水系统采取必要的排涝措施；城市下穿式立交桥、隧道、地下商场、地下通道、地下车库等重要部位和其他易涝点采取必要的防范措施；

Ⅴ. 除特殊行业外，视情况暂停高空、户外作业和活动；

Ⅵ. 加强个人防护，避开危险区域，避免在桥底、涵洞等低洼易涝等危险区域避雨，避免穿越水浸区域。

【暴雨橙色预警信号】

含义：6 小时内将出现或实况已达以下条件之一的降雨，并且强降雨仍将持续：① 3 小时降雨量达 80 毫米以上，且小时雨强超过 50 毫米；② 6 小时降雨量达 100 毫米以上。

防御指南：

Ⅰ. 政府及相关部门按照职责做好防暴雨应急工作，关注降雨趋势，注意防范暴雨可能引发的内涝、山洪、滑坡、崩塌、泥石流等灾害，及时转移危险地带和危房中的人员到安全场所暂避；

Ⅱ. 处于危险地带的单位应当停课、停业，采取措施保护已到校学生、幼儿和其他上班人员的安全；

Ⅲ. 交通管理部门根据路况在强降雨路段采取交通管制措施；行驶车辆尽量绕开积水路段，如遇严重水浸等危险情况应当立即弃车逃生；

Ⅳ. 城市、农田、鱼塘排水系统采取必要的排涝措施；城市下穿式立交桥、隧道、地铁、地下商场、地下通道、地下车库等重要部位和其他易涝点采取必要的防范措施；

Ⅴ. 暂停高空、户外作业和活动。

【暴雨红色预警信号】

含义：12 小时内将出现或实况已达以下条件之一的降雨，并且强降雨仍将持续，可能或已造成严重影响：① 3 小时降雨量达 120 毫米以上，且小时雨强超过 50 毫米；② 6 小时降雨量达 180 毫米以上；③ 12 小时降水量达 220 毫米以上。

防御指南：

Ⅰ. 政府及相关部门按照职责做好防暴雨应急和抢险工作，关注降雨趋势，及时转移、撤离危险区域人员；做好暴雨及其引发的内涝、山洪、滑坡、崩塌、泥石流等灾害应急抢险救灾工作；

Ⅱ. 处于危险地带的单位应停课、停业，立即转移到安全的地方暂避；

Ⅲ. 交通管理部门应当实施交通疏导和管制，封闭危险路段和危险区域，视情况组织城市公共交通停运；行驶车辆应当就近到安全区域暂避，如遇严重水浸等危险情况应当立即弃车逃生；

Ⅳ. 立即暂停高空、户外作业和活动；

Ⅴ. 机场、港口、车站、口岸可能受到影响，前往时请先咨询相关信息。

做一做

请你制作一张防暴雨手抄报给大家带来更多防暴雨知识。

16 暴雨的防御与自救

暴雨的防御

如果遇见大雨天气，可以从以下几个方面防御：

①地势低洼的居民住宅区，可因地制宜采取“小包围”措施，如砌围墙、大门口放置挡水板、配置小型抽水泵等。

②不要将垃圾、杂物等丢入下水道，以防堵塞，造成暴雨积水成灾。

③底层居民家中的电器插座、开关等应移装在离地1米以上的安全地方。一旦室外积水漫进屋内，应及时切断电源，防止触电伤人。

④在积水中行走要注意观察，防止跌入窨井或坑、洞中。

⑤河道是城市中重要的排水通道，不准随意倾倒垃圾及废弃物，以防淤塞。

暴雨预警发出后如何自救

蓝色预警：暴雨来临时，最好待在屋里，远离窗户；在室外不要在大树底下避雨，不要拿着金属物品及接打手机，以防雷击。

黄色预警：尽量避免车辆在积水中行驶；检查城市、农田、鱼塘排水系统，采取必要的排涝措施。

橙色预警和红色预警：暴雨可能已经或即将导致江河湖泊水位上涨、地面交通中断、输电线路中断等灾害，应立即寻找安全建筑躲避，等待降雨停止。

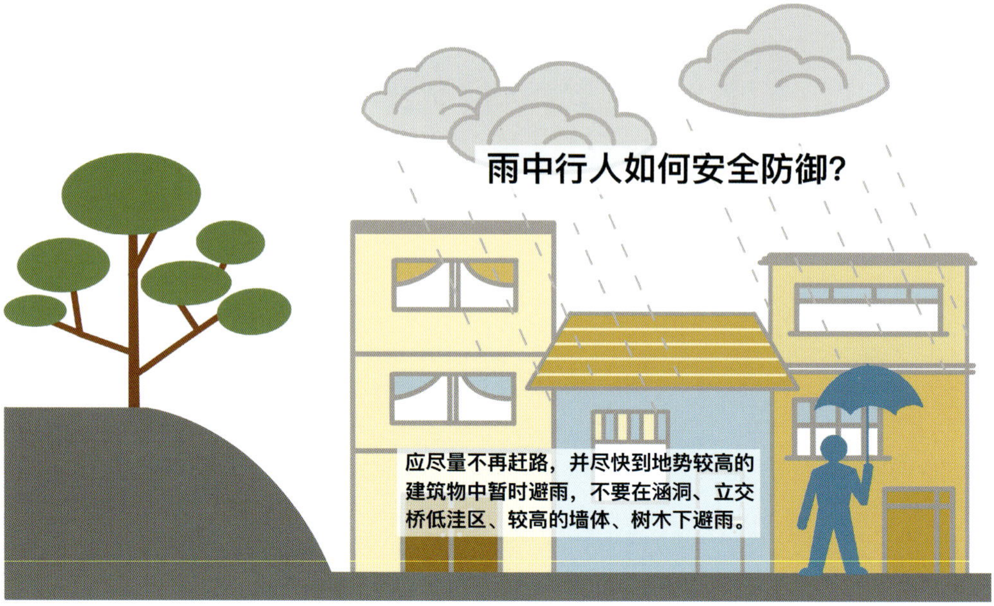

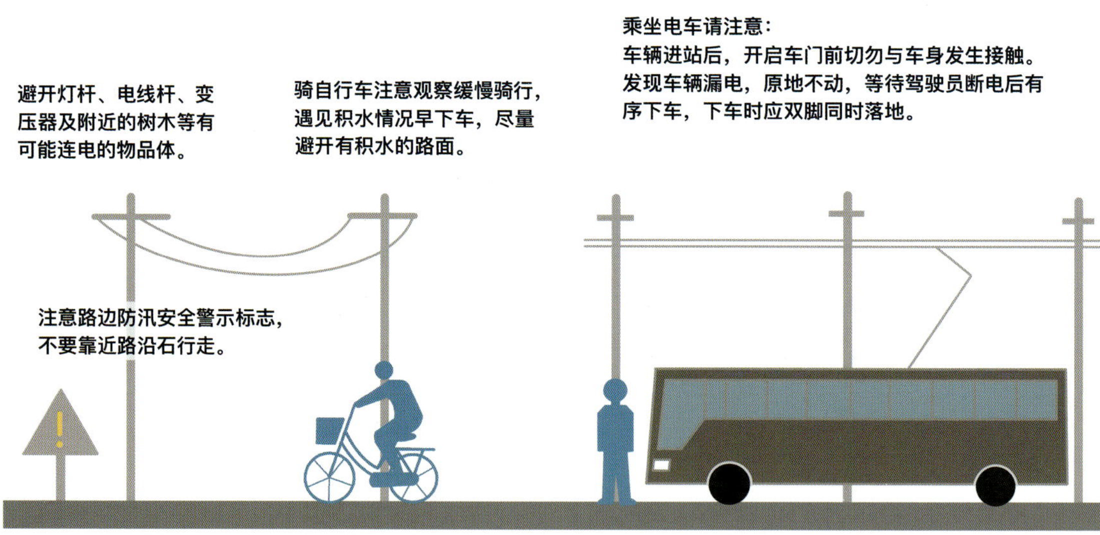

山洪泥石流的防御

山洪泥石流来了如何躲避？

①得知某区域一段时间内将发生泥石流时，应对该地区采取紧急疏

散和保护措施，人员需强行迁至安全区。

②不要顺泥石流沟向上游或向下游跑，应向沟岸两侧山坡跑，且不要停留在凹坡处。

③建立临时躲避棚，躲避棚的位置要避开沟渠凹岸，以及面积小而低平的凸岸和陡峭的山坡下，应安置在距离村庄较近的低缓山坡或位置较高的阶台地上。

凡是居住在山洪易发区或冲沟、峡谷、溪岸的居民，每遇连降大暴雨时，必须保持高度警惕，特别是晚上，如有异常，应立即组织人员迅速远离现场，就近选择安全地方落脚，并设法与外界联系，做好下一步救援工作。切不可心存侥幸或抢救财物而耽误避灾时机，造成不应有的人员伤亡。

做一做

查阅资料或询问家长旅游时遇到暴雨应该怎么办？

17 认识冷空气

冷空气的定义

冷空气和暖空气是从气温水平方向上的差别来定义的。即位于低温区空气称为冷空气或指相对于周围环境温度较低的大气气团。

认识冷空气

每年秋冬季，冷空气是我国天气舞台上当仁不让的“主角”，常常占据“C 位”。冷空气从哪来？最爱去哪？最后去哪了？

冷空气从哪来？

影响我国的冷空气团多数在极地与西伯利亚大陆上形成。西伯利亚地区纬度高、海拔高，同时地处大陆内部，获得热量少，散热快，是北半球的寒冷中心，如同冷空气的“加油站”。冷空气在此加强堆积、积蓄能量，然后在高空西北气流的引导下，最终爆发并不断南下入侵我国。

认识冷空气的强弱

冷空气过境会带来雨、雪等，使温度陡然下降。每次冷空气入侵的强度不一样，有强有弱，降温幅度有大有小。

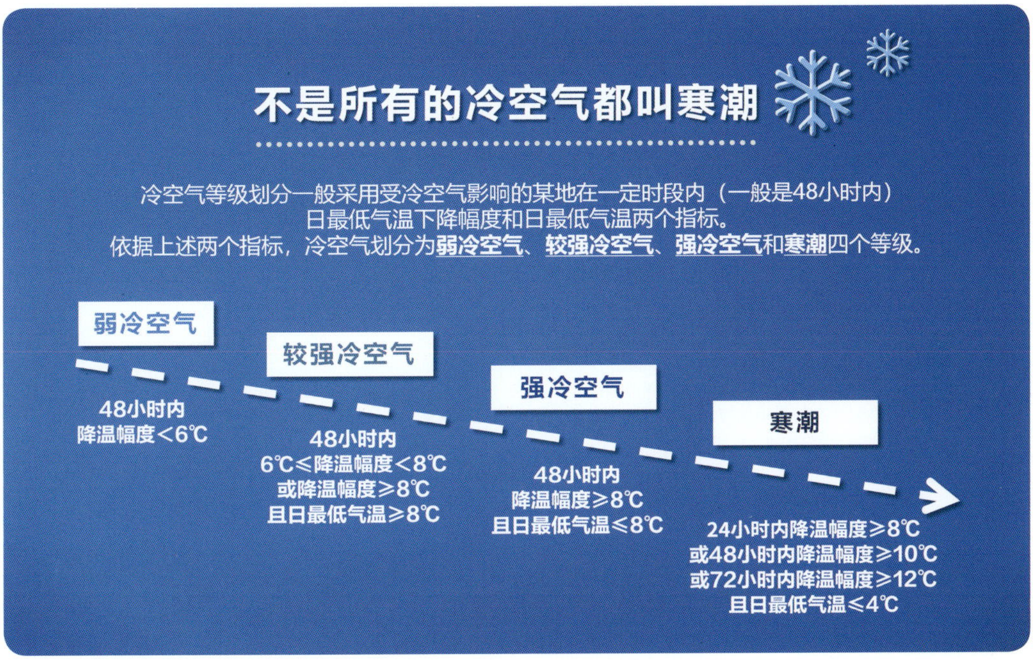

冷空气影响下的低温灾害

低温灾害：是指因冷空气异常活动等原因造成剧烈降温以及冻雨、雪、冰（霜）冻所造成的灾害事件。造成低温灾害的主要天气过程有寒潮等冷空气活动。

当较强的冷空气南下遇到暖湿气流时，冷空气像楔子一样插在暖空气的下方，近地层气温骤降到0℃以下，湿润的暖空气被抬升，并成云致雨。当雨滴从空中落下来时，由于近地面的气温很低，在电线杆、树木、植被及道路表面都会冻结上一层晶莹透亮的薄冰，气象上把这种天气现象称为“冻雨”。

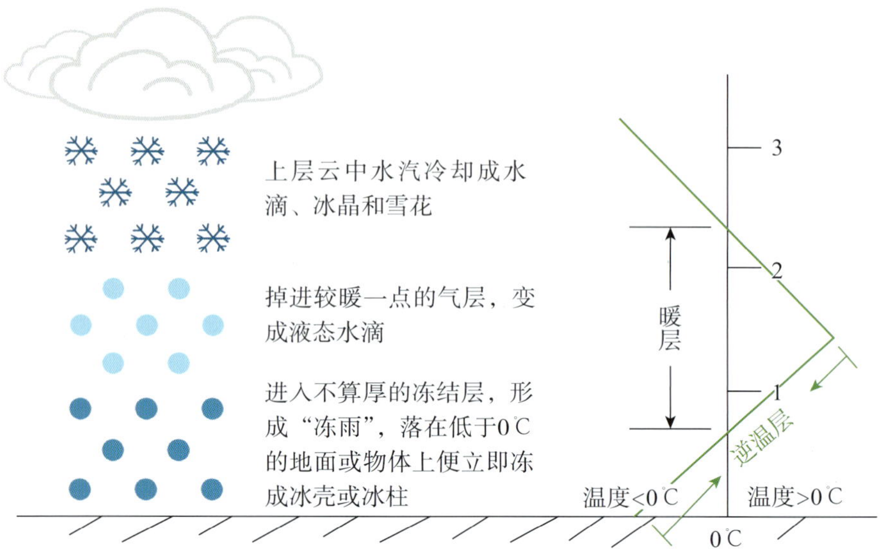

注：1. 右侧绿线为气温随高度的变化曲线。
2. 逆温层是气温随高度增加而升高的气层，厚度从几十米到1千米不等。

冻雨的形成

入秋后的气温随冷空气的频繁入侵而明显降低，尤其是在晴朗无风的夜间或清晨，辐射散热增多，地面和植株表面温度迅速下降，当植株体温降至0℃以下时，植株体内细胞会脱水结冰的现象称为霜冻危害。

冻雨

霜冻

做一做

通过网络收集冷空气相关知识并与同学交流。

18 冷空气影响下的危害与防御

福清市冷空气影响特点

1978—2020 年，福清市冷空气灾害危险性区划涵盖低、中低、中高、高四个危险等级，总体呈现西部北部高、其他区域低的分布特征。高危

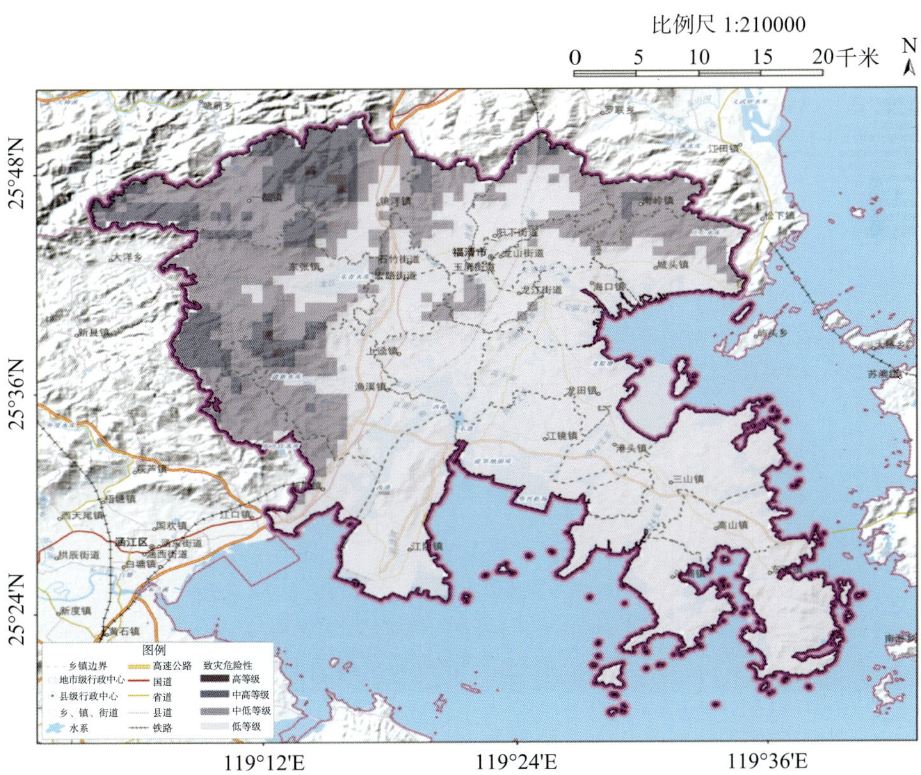

福清市 1978—2020 年冷空气致灾危险性等级区划图

险等级分布在一都镇高海拔地区，低危险等级分布在中部和东南部低海拔的乡镇及街道。

福清市低温灾害包括冷空气、霜冻害和低温寡照三类，没有冰冻灾害。霜冻害使正在生长发育的作物受到冻伤，从而导致减产、品质下降或绝收。低温寡照会直接影响早稻种子发芽、生长，致使秧苗的生理机能失调和诱发病害，最终导致烂秧死苗。

1978—2020 年，福清市年平均冷空气过程持续时间 2.9 天，持续时间最长为 7 天；霜冻害年平均持续时间 2.4 天，最长持续日数为 6 天；低温寡照年平均持续时间 11.8 天，持续日数最长为 37 天。

福清一都枇杷是福清市的特色水果，但冬春季的低温冻害对枇杷产量和品质影响很大，冻害严重的年份果农损失较大。为服务“三农”（农业、农村、农民），保护果农的生产积极性，相关部门共同努力，力促省内首个枇杷气象指数保险项目落户福清一都镇。枇杷低温气象指数保险有效降低了农民因灾致贫、因灾返贫的风险。

一都镇枇杷丰收

在西北部山区偶有冻雨，当路面上形成冻雨时，公路交通因地面结冰而受阻，交通事故也因此增多，山区公路上地面积冰是十分危险的。

冷空气的防御

冷空气对人体的影响：冷空气能使空气中湿度显著降低，鼻咽黏膜因此而变得干燥，以致发生细小的皲裂，感冒病毒便可乘虚而入。平均气温和最低气温骤然下降，人体的体温调节功能对这种突如其来的寒冷刺激难以适应，特别容易受凉，引起机体抵抗力下降，给各种不同类型的感冒病毒入侵造成可乘之机，因此需要及时添衣服保暖。

冷空气对农业的影响：冷空气来时风力较大，棚架设施应注意加固，并做好温湿调控。低洼地段的作物等应注意清沟排渍，防积水结冰加重冻害；叶菜类蔬菜可用稻草覆盖，减轻冰冻危害。

密切关注气象部门发布的与冷空气影响有关的预警信息及预警信号，按防御指南做好相应防御工作。

说一说

冷空气影响有关的预警信号有哪些？

参考书目

任珂，李晨，王晓凡，2019. 气象知识极简书 [M]. 北京：气象出版社 .

许小峰，陈峪，2016. 科学应对坏天气 [M]. 北京：气象出版社 .

中华人民共和国国家质量监督检验检疫总局，中国国家标准化管理委员会，2006. 热带气旋等级：DB/T 19201—2006[S]. 北京：中国标准出版社 .

朱乾根，林锦瑞，寿绍文，等，2011. 天气学原理和方法（第四版）[M]. 北京：气象出版社 .